Jean-Henri Fabre

法布尔昆虫记

夏日音乐家蝉

〔韩〕曹京淑◎编著　　〔韩〕金世镇◎绘　　李明淑◎译

北京科学技术出版社
100 层童书馆

序

　　法布尔是一位杰出的昆虫学家，也是一位优秀的文学家。19 世纪末至 20 世纪初，法布尔捧出了一部《昆虫记》，世界响起了一片赞叹之声，这片赞叹声一响就是 100 多年，直到今天！

　　《昆虫记》语言朴素却不失优美，法布尔把一部严肃的学术著作写成了优美的散文，人们不仅能从中获得知识，更能获得一种美的享受，并由衷地对大自然产生深深的爱！

　　作为一位昆虫学家，一位用心去观察、用爱去感受的昆虫学家，法布尔的科学研究是充满诗意的。他不把昆虫开膛破肚，而是充满爱心地在田野里观察它们，跟它们亲密无间。他用诗人的语言描绘这些鲜活的生命，昆虫在他的笔下是生动、美丽、聪慧、勇敢的，他说他在"探究生命"，目的是"让人们喜欢它们"。他的心如同孩童般纯真，他的文字也充满想象力和感染力。他要让厌恶昆虫的人知道，这些微不足道的小虫子有许多神奇的本领，它们勇于接受大自然的考验，努力在这个世界上争得生存的空间。

　　北京科学技术出版社出版的这套改编的儿童版"法布尔昆虫记"换了一种方式来呈现这部科学经典。这套书用简洁的语言、精美的彩图、生动的故事情节描绘法布尔原著中具有代表性的昆虫，讲述它们的故事，展现它们的个性，处处流露出作者对它们的喜爱。我向小朋友们推荐这套彩图版"法布尔昆虫记"，是因为它语言非常优美，且所描绘的昆虫形象栩栩如生，小朋友们可以透过文字了解它们的喜怒哀乐。故事兼具科学性和趣味性，能够激发小朋友们的阅读兴趣和对大自然的好奇心，培养他们尊重生命、亲近自然、热爱科学的精神！

　　最后，希望北京科学技术出版社出版更多、更好的儿童科普书，同时也祝愿我国的儿童科普事业蓬勃发展！

中国科学院院士

张广学

等待的智慧

当雨季结束，炎热的夏天随之而来。森林里参天大树上此起彼伏的蝉鸣声响彻整个天空，这是蝉在炫耀它们美妙的歌喉。

蝉鸣声有时听着十分清爽，有时却吵得人烦躁不已。但是，蝉根本无暇考虑人类的想法，因为它们已经在地下足足等了几年甚至十几年，现在总算见到了蓝天白云，它们只想尽情地放声高歌。更何况，它们的歌唱生涯一般只有两三周。

"知了知了……我的歌声多么嘹亮！"

"知了知了……什么？很吵？我才不管你怎么想呢！"

不管大家如何议论，蝉还是继续歌唱夏天，谁让它们是"夏日音乐家"呢？！但是，你知道吗？在成为夏日音乐家之前，蝉是非常出色的"建筑师"呢！

怎么，你不信？我们现在就去参观蝉巧夺天工的建筑吧！

目录

夏日音乐家——蝉

法布尔位于塞里尼昂村的庭院里

有两棵很大的法国梧桐，

每年夏天，蝉都会在那里举办音乐会，

一场接着一场，一整个夏天都不停歇。

虽然它们吵得法布尔无法专心工作，

但是法布尔还是很喜欢这些既认真又耐力十足的蝉。

因此，他决定研究身边的蝉。

法布尔的主要研究对象是南欧熊蝉，

从蝉鲜为人知的地下生活，

到蝉的建筑技术和羽化的整个过程，研究广泛。

为了了解蝉的味道，他亲自品尝蝉。

法布尔还做了很多魔术般的实验，

不但能让死去的蝉重新歌唱，

还能用一根小针让正在唱歌的蝉安静下来。

有一次，法布尔借了一支土铳来测试蝉的听力，

没想到蝉居然对震耳欲聋的枪声一点儿反应都没有，

所以，法布尔得出蝉听觉迟钝的结论。

蝉虽然难以听到人类能听到的声音，

却听得见同伴的声音。

美妙而嘹亮的歌喉对雄蝉来说非常重要，

因为雌蝉最喜欢鸣声响亮的雄蝉。

法布尔还留心观察了蝉与蚂蚁的关系。

虽然童话书里经常讲述

蝉向蚂蚁乞食的故事，

把蝉描写成只顾唱歌、不努力工作的懒虫，

而把蚂蚁描写成勤奋、自食其力的劳动者，

但是法布尔证实事实恰恰相反。

为此，他打算替蝉挽回声誉。

为了感谢法布尔，

每年夏天，

蝉儿们歌唱得更加卖力了！

我有 400 多个兄弟姐妹

"嗯……在哪儿产卵比较好呢？"

7 月的某一天，

蝉妈妈开始认真地挑选树枝，

她马上就要产卵了。

她最喜欢

比秸秆粗一些，但比铅笔细一些的树枝。

已经落在地上的树枝她看也不会看一眼。

"啊！那根不错！"

蝉妈妈赶紧朝她看中的树枝飞了过去，

没想到，已经有一只雌蝉捷足先登了。

蝉妈妈二话没说，径直离开了那里。

啊！她发现了一根更棒的树枝，

幸好，它还没被别的昆虫占领。

"太好了，就在这里吧！
又细又长的树枝是我的最爱！"
蝉妈妈飞过去，落在了树枝上，
紧接着，她的腹部末端开始轻轻地收缩。
雌蝉腹部末端有一根长约 1 厘米的产卵管，
产卵管两侧呈锯齿状，
蝉妈妈就是通过这根管来产卵的。

产卵管的锯齿非常锋利，
再硬的树皮它也能轻易割开。
蝉妈妈将产卵管倾斜着刺入树枝，
在深 0.5 ~ 1 厘米的地方
挖出一个小洞，
作为蝉宝宝的房间。

然后，蝉妈妈一动不动地趴在树枝上，

开始全神贯注地产卵。

10分钟过去了，

产下10枚卵的蝉妈妈

慢慢地拔出了产卵管。

你不要以为这么快就结束了！

只见蝉妈妈往前爬了1厘米，

再次将产卵管刺入树枝并挖了一个小洞，

这次她产下了12枚卵，

小乐就是其中的一枚。

蝉妈妈为了继续产卵，

又向前爬去。

这时，一只昆虫悄悄靠近，

原来是一个体长只有4～5毫米，

人称"蚋"的家伙。

蚋站在比自己大100倍的蝉妈妈身旁，

静静地看着蝉妈妈产卵。

蝉妈妈早就发现了蚋，

因为蝉的视力非常好。

"这个家伙为什么一直站在那里？

她想干什么？"

蝉妈妈虽然看蚋不顺眼，

但是又不想中断产卵，只能无视她。

当蝉妈妈产完卵，

爬到了更高的地方时，

那只蚋立马冲到蝉妈妈刚刚产完卵的卵房处。

"太好了！愚蠢的蝉妈妈！"

蚋将自己细细的产卵管插入蝉妈妈的卵房后

笑嘻嘻地说，

"这些蝉卵将变成我宝宝的食物！"

蚋就这样紧紧跟在蝉妈妈的身后，

在蝉妈妈的所有卵房里都产下了自己的卵。

蝉妈妈一次能产 7 ~ 15 枚卵，

而蚋一次只能产 1 枚卵。

由于蚋卵比蝉卵孵化得快，

尚未孵化的蝉卵将成为蚋幼虫的食物。

蝉妈妈终于产完了所有的卵，

她一共"造"了 40 多个卵房，

每个卵房里平均有 10 枚卵。

产卵耗尽了蝉妈妈的力气。

产完卵后，

蝉妈妈顾不上探究一直跟着自己的蚋

究竟做了些什么，

便虚弱地从树枝上掉了下去。

蝉妈妈死了，

她根本没有时间照顾她的宝宝。

宝宝啊，我可爱的宝宝！
你们虽然身体脆弱，
但是要顽强地活下去，
我的宝宝！

这个世界上有很多可怕的东西！
一定要小心奸诈的蚋，
一定要小心狡猾的蚂蚁！
除了自己，其他昆虫都不可信！

宝宝啊，我可爱的宝宝！
用你们那顽强的毅力，
在今后的漫长岁月里好好地活下去吧！
不要让妈妈担心！

你们要忍耐，忍耐，再忍耐！
忍耐孤独的生活，
忍耐黑暗的生活！
蝉的生活就是学习忍耐的生活！

宝宝啊，我可爱的宝宝！
妈妈不能再照顾你们了，
请你们原谅妈妈！
妈妈永远爱你们！

蝉妈妈用尽全身力气产下的卵，

个个都呈柔和的象牙色，

长约 2.5 毫米，宽约 0.5 毫米，

两头尖，中间圆，

整体又细又长，

就像被拉长的微型橄榄球。

但是，随着蚋卵的孵化，

几乎所有蝉卵都成了蚋幼虫的食物。

还好，住在第二个房间里的小乐，

非常幸运地活了下来。

9月下旬，
小乐的身体由原本的象牙色
变成了麦子般的金黄色。
到了 10 月初，
卵的前端出现了两个褐色的小圆点，
这就是小乐的眼睛。
此时的小乐需要充足的阳光
才能顺利地破壳而出，
如果一时冲动着急跑出来，
后果将不堪设想。

所以，小乐一直耐心地等待着：
"我期待的幸福时光很快就要到来了！"

这一天，
太阳公公一大早就露出了笑脸，
惬意地挂在蓝天上休息，
温暖而柔和的阳光照在小乐的房间里。

"就是今天了！"

小乐鼓起勇气破壳而出，

他的外表看起来没有太大的变化，

只是身上多了两只黑色的眼睛。

其实他的腹部还长了一对酷似鱼鳍的器官，

只是不太明显。

"什么？你说这是鱼鳍？
其实这里藏着我的一对前腿，
我刚才就是靠它们刺破卵壳爬出来的！"
小乐觉得自己非常了不起，
因为妈妈产下的 400 多枚卵里，
只有为数不多的几枚幸存了下来。
小乐觉得过世的妈妈一定会以他为荣。

小乐终于长成了初龄若虫[①]，

他决定不再休息，

开始往小洞外面爬。

不过，由于洞本身比较窄，

里面还有不少尚未孵化的卵，

所以，爬出去对小乐来说不是件容易的事。

小乐利用自己的一对前腿

一步一步慢慢爬。

虽然没有得到指点，

但是他很清楚自己应该怎么做，

因为这是他与生俱来的本能。

小乐一边爬，一边为自己鼓劲：

"一、二！一、二……"

小乐花了足足30分钟才爬出小洞。

"啊！终于出来了！"

接着，他开始慢慢蜕掉身上的薄膜。

①初龄若虫：有些昆虫在个体的发育过程中，直接由卵孵化出与成虫外形相似的不完全发育体，即若虫。破卵壳而出的若虫就是初龄若虫，其身上尚有一层薄膜。

慢慢地，小乐长出了触角和长长的后腿，
以及一对像锄头一样的前腿。
他尾部还留在半蜕的薄膜里，
就这样倒挂在树枝上。

"接下来我应该钻进地底下。
虽然从这么高的地方跳下去
确实有些可怕，
但是，要想成为一只优秀的蝉，
我必须克服这点儿困难！"
小乐一边鼓励自己，
一边不停地摇晃身体，
还不时伸展前腿。
就这样，小乐在阳光下做着准备活动。
1 小时后，
小乐感觉自己的皮肤变硬了。
"时候到了！"
小乐大叫一声，嗖地跳了下去。

地下建筑师

刚落到地面的小乐感觉有些不安。

地面上的一切对他来说都太陌生了。

而且，一阵微风就能把他吹走，

万一不小心被吹到泥坑里就糟了。

更可怕的是，

地面上到处都是小乐的天敌，

比如狡猾的蚂蚁。

"我不能慢吞吞的，

得赶快找个好地方躲起来，

不然就麻烦了！"

小乐打起精神，开始四处寻找藏身之所。

"这里太硬了！"

"这里太干燥了！"

看来，要想找个好地方

并没有想象中的那么简单。

小乐感觉非常疲惫。

现在已经 10 月底了，

天气渐渐转冷，风越来越刺骨。

"怎么办？我得赶快躲到地底下去……"

小乐忍不住心急了起来。

这时，他看到两只蚂蚁从树后慢慢爬来，

心里咯噔一下，

赶紧一动不动地趴在原地，等着蚂蚁离开。

幸好，那两只蚂蚁并没有发现小乐。

"如果……"

啊，不敢想！

差点儿就发生难以承受的惨剧啊！

终于，小乐找到了一处满意的地方，

那是一块非常松软的土地。

他连忙用锄头般的前腿奋力挖掘起来。

"加油！加油！"

不到 5 分钟小乐就挖好了一个水井一样的小洞穴。

接着他便躲进了洞穴里，

开始了漫长的地下生活。

在地下洞穴里，小乐的身上陆续长出了长毛，

这是在漆黑的地底下

帮助小乐感知周围情况的"触觉毛"。

由于在黑暗的环境中用不到双眼，

小乐的视力自然而然地退化了，

但一对触角却变得越来越发达。

小乐的地下生活既漫长又无聊，

他和外界唯一的联系就是：

每到寒冷的冬季，爬进更深的地方；

待炎热的夏季来临，往上爬一点儿，离地面近一些。

地下的树根就是小乐的食物。

每当吸干一根树根的汁液，

他就得去寻找新的树根。

为此，小乐需要不停地搬家。

不过，在漫长的地下生活中，

有一件事情让小乐乐此不疲，

那就是建房子。

虽然建房子是小乐的本能，

但是刚开始时，他的技术实在不怎么高明。

经过反复磨炼，

小乐终于成为一名名副其实的建筑师。

"这就是我建的房子，很不错吧！"

小乐经常得意扬扬地炫耀自己的房子。

参观一下我的房子吧！
它干净又宽敞，
每个房间里的树根
随时都能流出香甜的树汁！

有空来我家坐坐吧！
寒冷的时候，我的房子里很温暖；
炎热的时候，我的房子里很凉爽。
神奇吧？！

小乐建的房子在地表以下 40 厘米左右的地方。

房子里很宽敞，

墙壁非常光滑，没有一点儿凹凸不平的地方。

房子和房子之间通过笔直的隧道连通，

隧道直径约 2.5 厘米。

小乐果然技艺高超！

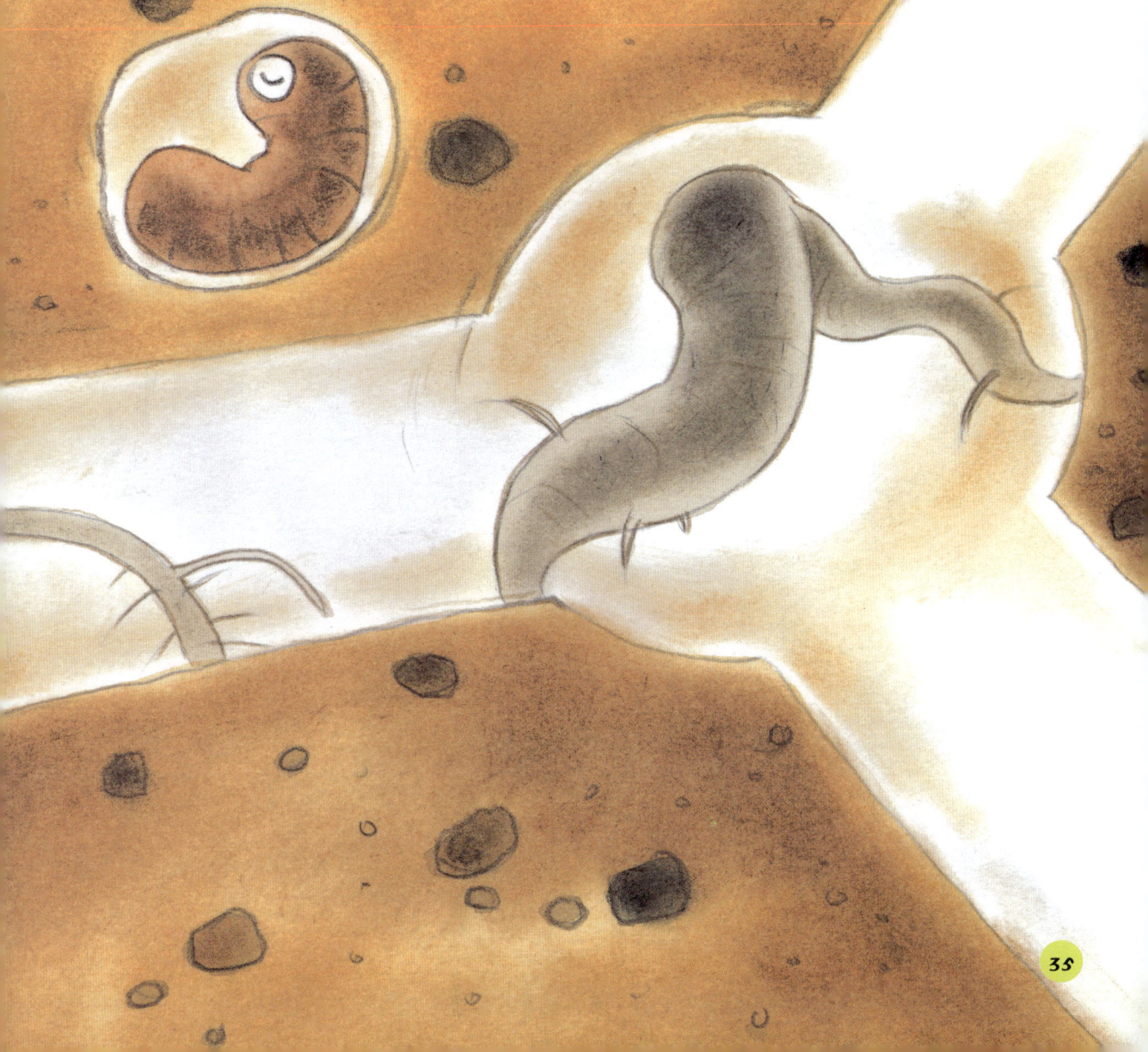

小乐害羞地笑着说：
"其实没什么！
我有一个小秘诀——
砌墙时我用了自己的尿液。"
原来，小乐先用前腿
挖一些松软的干土，
然后在干土里尿一些尿，
使干土变成有黏性的湿土，
再像泥瓦匠用抹刀涂抹水泥那样，
用自己的腹部将制作好的湿土
仔细地涂抹在墙壁上。

每搬一次家，小乐就要建一栋新房子，
就这样，他的建筑技术越来越熟练。
望着自己建的房子，他感到非常自豪。
这样的生活持续了 4 年之久。
在这 4 年里，小乐蜕了 4 次皮。

一天，小乐将长长的吸管状嘴巴插进树根，

一边用力地吸着树汁，一边自言自语：

"我已经长大了，应该可以到地面上去了吧！

我虽然只在很小的时候短暂地看过外面的世界，

但是至今仍然记得温暖的阳光和徐徐的微风。

过去的 4 年里，我一直没有忘记那天的阳光和微风，

我在地下默默地忍受孤独，

就是为了再次感受阳光和微风！"

小乐在地底下耐心地住了 4 年，

就是为了等待这一天的到来。

为了便于观察洞外的天气，

他挖了一条竖井般的隧道，

还在隧道口造了一个薄薄的顶盖，

隧道底部则连着一个宽敞的房间，

他就在这个房间里等待出洞。

虽然每次掀起顶盖观察外面的天气

都非常麻烦，

但是为了防止其他昆虫入侵，

小乐必须留着这个顶盖。

"唉！今天不行，外面在下雨呢！
淋了雨，我就不能展开翅膀了！"
"啊！今天又不行，风太大了！"
有几次，虽然外面的天气非常好，
但是小乐听见了村子里的小朋友
或小狗的脚步声，还是没出洞。
终于，在一个盛夏的傍晚，
小乐掀开隧道的顶盖，爬了出去。

"哇！和我记忆里的一模一样！"

刚从隧道里爬出来的小乐，全身上下都沾满了泥土。

几个小时后，

小乐身体的颜色渐渐加深，

视力逐渐恢复，

他开始能够看清地面上的物体了。

久违的世界，再次展现在小乐眼前。

小乐盼望已久的日子终于到了！
结束了蹲监狱般的地下生活，
他兴奋得眼泪都要掉下来了。
他小心翼翼地在地上爬来爬去，
寻找可以躲藏的地方。
虽然现在是漆黑的晚上，
但他还要提防那些夜行鸟类，
以及无处不在的蚂蚁。
所以，小乐心里还是有些紧张。
他提醒自己千万要小心，
苦苦等了 4 年的新生活，
绝对不能就这样结束了。
幸好，谁都没有发现小乐。
接下来，小乐需要再蜕一次皮，
才能变成真正的蝉。

小乐给自己物色了一根合适的树枝，
然后慢慢地爬了过去，
之后，他用一对结实的前腿紧紧地抱住树枝。
小乐保持着这种姿势在树枝上休息了片刻，
此时，他的前腿变得更加坚硬，
也能够更有力地抱住树枝了。
"就是现在！"
说着，小乐背部中央出现了一条裂缝。

时间一分一秒地过去了，
那条裂缝越来越宽，
隐隐约约地露出淡绿色的身体。
又过了一会儿，
小乐淡绿色的身体越来越清晰，
背部最鼓的地方有节奏地跳动着，
就好像有血液在流动。

将头从壳中

挣脱出来的那一刻，

小乐觉得自己就像来自外星球的外星人。

"我现在正在脱外星人的宇航服呢！"

小乐的上半身已经完全暴露在外面。

接着，他努力向上挣脱。

现在，只剩尾部没出来了。

不过，小乐看起来筋疲力尽。

"我是最勇敢的蝉，

我是耐力最好的蝉，

这点儿小事算不了什么！"

小乐抬起头，尽量把身体向后伸展，

就像一名运动员做后空翻一样。

这次，尾部渐渐从壳里露了出来。

他没有休息，转而将身体立了起来。

这个时候需要特别谨慎，

如果不小心从树枝上掉下去就危险了。

就这样，从头到尾花了 30 分钟时间，

小乐终于完成了全部的蜕壳工作。

此时，天蒙蒙亮了。

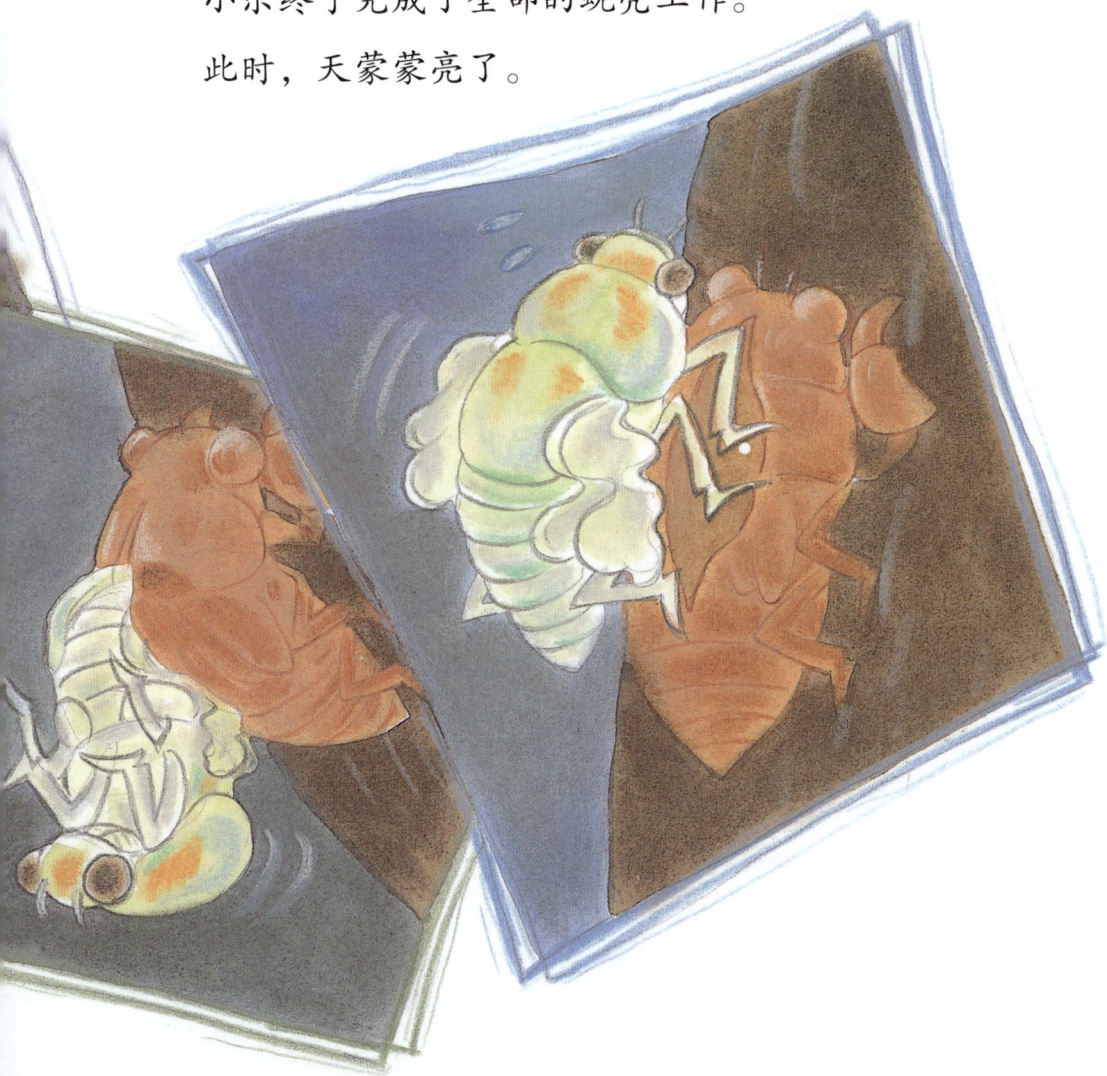

但是，小乐仍然保持着

之前的姿势，一动不动，

在焦急地等待着什么。

他觉得此时的等待，

比在地下那 4 年的等待更加漫长。

除了淡褐色的胸部，

小乐身体的其余部位还是淡绿色的。

为了使自己柔软的身体变结实，

并且使皮肤呈健康的褐色，

小乐需要阳光的照射和微风的吹拂。

漫长的 3 小时过去了，

小乐终于变成了一只帅气的褐色成年蝉。

现在只剩下最后的考验了，

那就是在天空中展翅飞翔！

没有飞行经验的小乐

感觉有些害怕。

但他犹豫了片刻，

还是鼓起勇气从树枝上跳了出去。

"哇！"

以前只能在地下洞穴里爬行的小乐，

现在已经能自由地在天空飞翔了。

他简直不敢相信自己真的可以飞！

"哇！我……我真的飞起来了！"

拂晓的天空还是灰蒙蒙的，空气非常清新，

小乐心情舒畅，兴奋得想唱一曲。

奇怪的是，小乐无论怎么努力，
都只能发出微弱的咕咕声。
"我是鸽子吗？怎么会发出咕咕声呢？
看来我还需要多多练习！"
即便如此，小乐还是非常开心，
学习新技能可不是一件坏事！

向来开朗乐观的小乐，
根本没把这样的小事放在心上。
对此时的小乐来说，
周围的所有事物都那么有趣和新奇，
他感觉自己非常幸福。
小乐沐浴着阳光，在树林里飞行，
看到了形形色色的昆虫，
开心极了！

"啊！那不是蚂蚁吗？

曾经让我那么害怕的蚂蚁，

原来那么小啊！

真是今非昔比，哈哈哈哈……"

小乐现在已经是身长 3.5 厘米的成年蝉，

体形比一般的昆虫都要大。

蚂蚁的谎言

现在的小乐每一天都很快乐！

不但脱离了暗无天日的地下生活，

还能随心所欲地放声高歌，

小乐完全沉浸在幸福当中。

"知了，知了……"

小乐将这 4 年来的压抑情绪，

全都倾注在了一曲曲长歌中，

歌声越来越洪亮、越来越有力，

传得越来越远。

每次高歌一曲后，
小乐都感觉心情舒畅。
"虽然当一名建筑师也很快乐，
但是，成为音乐家更幸福，
我就是名副其实的夏日音乐家！"
小乐十分骄傲地说。

从小乐成年的那天起，

森林里就没有下过雨，

很多东西都失去了光泽，变得干枯。

但是，这并没有影响小乐的生活，

因为他的嘴巴酷似一根吸管，

可以用来割开树皮，吸食树汁。

其他昆虫就惨了，

难耐的酷暑和长期的干旱

让他们在煎熬中度日如年。

树汁的气味引来了许多口渴的昆虫，

他们纷纷聚集在小乐身边。

苍蝇搓着双脚说：

"亲爱的小乐叔叔，会唱歌的小乐叔叔，

可不可以让我喝一口树汁？

我快要渴死了！求求您！"

小乐轻轻地挪了一下身体，
苍蝇立刻上前吮吸流出来的树汁。
看到这幅场景，虎头蜂犹豫了一下说：
"小乐叔叔，可以也给我喝一口吗？
今年的夏天似乎特别热！"
小乐点了点头，让虎头蜂过来喝树汁：
"是啊，好久没有下雨了，
真是苦了你们！"
小乐的宽宏大量和乐于助人，
一直传到了邻村的昆虫那里。
锹甲、细腰蜂、小绿花金龟、土蜂……
听到消息的昆虫纷纷前来向小乐求助，
喝到树汁后不停地向小乐道谢，
然后才恋恋不舍地离开。

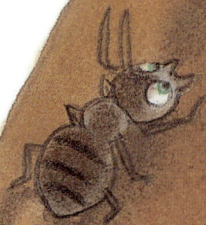

只有一只蚂蚁的态度与众不同。

刚开始的时候，这只蚂蚁

因为有些惧怕体形庞大的小乐而不敢靠近，

但是，当小乐将吸食树汁的位子让给他时，

他却毫不客气地立刻喝了起来，

连句感谢的话也没有。

之后，这只蚂蚁又来了好几次，

既不打招呼，也不道谢，

一副理所当然的样子。

不过，对蚂蚁的蛮横无理，

心胸宽广的小乐从不计较。

小乐根本不愿理会矮小的蚂蚁，

他觉得和蚂蚁吵架是十分可笑的行为。

但是，蚂蚁多次无理的举动

让小乐很不舒服，

他决定好好教训一下这个家伙。

这天，这只蚂蚁又来找小乐要树汁喝，

他竟然直接爬到小乐的背上，

咬住了他的翅膀！

蚂蚁的得寸进尺惹怒了小乐：

"走开！立马给我滚开！"

见蚂蚁无动于衷，小乐更加生气了：

"喂！小蚂蚁，我让你喝树汁，

你最起码也该说声谢谢吧！"

没想到，蚂蚁非但没有道谢，

反而很不客气地说：

"哼！你这么做是应该的，

我们蚂蚁根本就不需要感谢你！"

小乐强忍着怒火大声问道：

"你说什么？！"

蚂蚁带着嘲讽的口吻说：

"小乐，你可真是无知啊！

难道你没听说过蚂蚁与蝉的故事吗？"

"什么故事？和这件事有什么关系？"

蚂蚁故作大度地说：

"你没听过也情有可原，

毕竟你在地下待得太久了。

除了你，没有谁不知道这个故事！"

小乐虽然十分气愤，

但还是强忍着听蚂蚁讲了这个故事。

"很久很久以前的一个寒冬，

你爷爷的爷爷曾经向我奶奶的奶奶乞讨：

'求求你！求你给我一点儿麦粒吃好吗？'

你爷爷的爷爷

一整个夏天只顾着唱歌而不工作，

到了冬天，当然没有东西吃了！

那时，我奶奶的奶奶是这样说的：

'哎哟，大音乐家！

当别人忙碌的时候，您都在做什么呢？

现在居然沦落到来我这里乞讨。'

我奶奶的奶奶就这样教训了你爷爷的爷爷一顿。

所以啊，你这点儿树汁

不该让我随便喝吗？"

小乐听完蚂蚁的故事，

稀里糊涂地把位子让给了蚂蚁。

蚂蚁得意地占据了小乐的位子，
尽情地喝起了树汁，
离开的时候还傲慢地对小乐说：
"对了，听说你也当了歌手，
那你最好小心一点儿，
免得以后像你爷爷的爷爷那样！
好了，明天见，小乐！"

小乐总感觉蚂蚁讲的这个故事有些不对劲，

他仔细地思考了一番，

不一会儿，恍然大悟地大笑了起来：

"哈哈哈！我爷爷的爷爷向蚂蚁讨要麦粒？

简直太荒唐了！

我们这种长得像吸管一样的嘴巴，

怎么可能吃麦粒呢？"

小乐觉得用这个荒谬的故事欺骗他的蚂蚁非常可恶。

第二天，那只蚂蚁又来找小乐，
就像来讨债一样蛮横无理地说：
"还不快让开！
我都要渴死了！"
小乐没有理会蚂蚁的话，开口问道：
"你昨天讲的故事是真的吗？
我爷爷的爷爷真的
向你奶奶的奶奶讨要麦粒了吗？"

蚂蚁不耐烦地回答：

"当然是真的！

这可是大家都知道的故事！

好了，快点儿让开吧！"

但是，小乐始终站在原地一动也不动。

看样子，小乐再也不想把自己的树汁分给蚂蚁喝了。

"好！就算是这样，

那么你奶奶的奶奶

有没有给我爷爷的爷爷麦粒呢？" 小乐又问道。

蚂蚁发起脾气来：

"我怎么知道！"

小乐激动地大声说：

"肯定没给！

我从来没看到过

你们蚂蚁帮助其他昆虫。

而且，你仔细看一看我的嘴巴！

我爷爷的爷爷也像我一样长着吸管状的嘴巴，

根本没有办法吃麦粒，

怎么可能去讨要麦粒呢？

听懂了没有？你这个大骗子！"

说完，小乐狠狠地推开了蚂蚁。

心地善良的小乐

再也无法忍受这只可恶的蚂蚁，

越想越生气。

可是，蚂蚁非但没有反省自己，

反而生气地离开了，边走边威胁道：

"走着瞧！你这个大笨蛋！

我绝对不会轻饶你的！"

小乐根本没理会蚂蚁的话，

又自顾自地唱起歌，喝起树汁来。

"真是个讨厌的家伙！

没了他可真清静啊！

也不知道他的性格为什么如此古怪。"

小乐很快忘记了和蚂蚁之间的不愉快。

那天晚上，

熟睡中的小乐突然感到一阵剧痛。

"哎哟！好痛！"

小乐尖叫着醒了过来，

原来有一只小蚂蚁用力地咬住了他的脚。

小乐仔细一看，发现偷袭自己的家伙

就是白天那只可恶的蚂蚁。

小乐气得浑身发抖，

决定好好教训他一下，

于是往他身上撒了一泡尿。

但是，蚂蚁根本不在乎，

依然心满意足地沉浸在突袭成功的喜悦中，

哼着歌得意扬扬地回去了。

无可奈何的小乐叹了一口气说：

"真是个讨厌的家伙！"

第三天，那只厚脸皮的蚂蚁又出现了。

"喂，我来了！赶快让开！"

小乐装作没听到，一动也不动。

这下可把蚂蚁急坏了，

他生气地在小乐周围转来转去，

一会儿用力咬小乐的翅膀，

一会儿又爬到小乐的背上跺脚，

不停地在小乐身上捣乱。

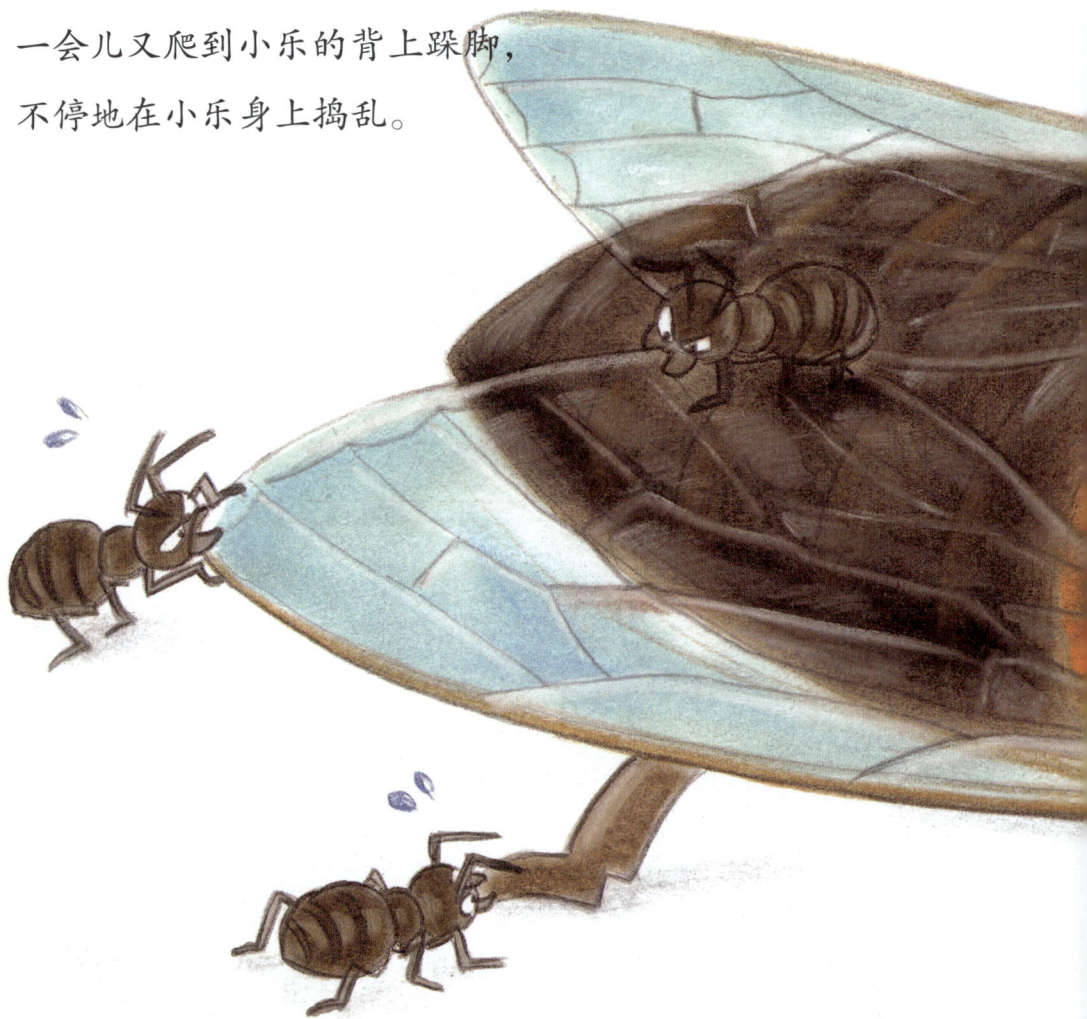

但是，小乐丝毫没有让开的意思，
仍然在原地一动不动。
"还不快让开，等一下有你后悔的！"
蚂蚁见小乐还是不动，气得直跺脚，
径直爬到小乐的头上，
用力地咬住了小乐的嘴巴。

小乐又痛又烦，

展开翅膀，嗖地飞到了半空中。

"真是受不了，

居然还有像你这样的无赖！"

蚂蚁兴高采烈地跑到小乐的位子上。

"哈哈！现在树汁都是我的了！"

但是，还没等蚂蚁说完，

树汁就干了。

"咦？这是怎么回事？"

蚂蚁慌慌张张地问，不知所措。

这时，小乐冷冷地说：

"难道你不知道吗？

你爱喝的树汁，

是我用自己抽水机般的长嘴吸出来的。

你不是自认为很聪明吗？怎么连这都不懂！

如果没有我的嘴巴，

你就只能对着厚厚的树皮发呆！"

其他排队等着喝树汁的昆虫听到小乐的话，
纷纷指责蚂蚁。

"活该！没礼貌的家伙！"

"都是你！害得我们也喝不到树汁了！"

"你要赔偿我们！听懂了吗？"

"现在该怎么办呢？
我已经渴得受不了了……"

有些昆虫因为口渴难耐，
呜呜呜地哭了起来。

趁此机会，小乐开始吐露心中的不快：

"哼，其实我早就知道那个故事，

全都是无耻的蚂蚁编造出来的谎言罢了，

大家应该都知道那是假的吧?！"

在场的昆虫纷纷点头，表示同意小乐的说法：

"对啊，对啊！那么稳重的蝉，

怎么可能向没礼貌的蚂蚁乞讨呢?

根本就是骗人的谎言！"

"显而易见，
一定是蚂蚁经常受别的昆虫的恩惠，
自觉理亏才编造出了这样的故事！"
被大家耻笑的蚂蚁
心里暗自咒骂着大伙儿，咬牙切齿地爬走了。
小乐不想再住在这个多事的地方，
毫不留恋地去寻找另一个家了。

短暂的歌唱生涯

搬到新家的小乐

认识了许多可爱的同伴。

喜欢桑树的桑蝉、体形庞大的马蝉、

长着很多绒毛的毛蝉、歌声独特的骚蝉，

还有叶蝉、角蝉和蜡蝉等，

都是小乐的好朋友。

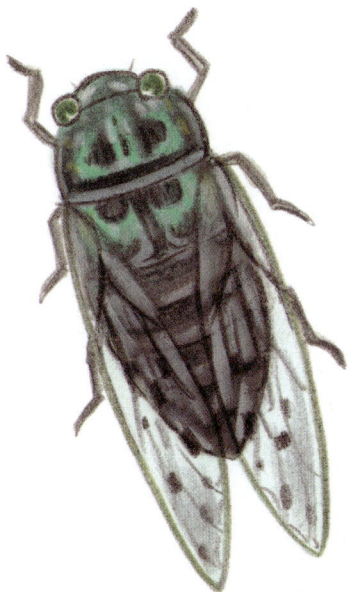

小乐每天开心地唱着歌，
歌声既洪亮又甜美。
在小乐的胸部下侧，
也就是紧靠后腿的地方，
有两块很宽的、酷似鱼鳞
且有些发硬的半圆形盖片，
这两块盖片就是音箱盖。

音箱盖下方有一个发音器官。

只要掀开音箱盖，

便会露出两个小洞，左右各一个，

这两个小洞就是共鸣器。

但是，光有共鸣器还不能发出声音，

小乐一对后翅下方

分别有一个稍微隆起的背垫，

那里面有白色的发音膜，

而发音膜连接着酷似贝肉的发音肌。

发音肌收缩时牵拉发音膜，
便能发出声音。
发音肌每秒能伸缩 100 多次，
可以不停地发出声音，
只是声音非常小。

真神奇呀！

怎么没声音?
是发音肌受损了吗?

发音肌发出的微小声音,
只有在共鸣器的作用下才能放大。
因此, 即使是刚刚死去的蝉,
只要发音肌被牵拉, 仍然可以发出声音;
只是蝉死去后, 共鸣器不再发挥作用,
所以刚死的蝉只能发出微小的声音。
同样的道理, 如果发音肌受损,
即使还活着, 蝉也不能发出声音了。
是不是很神奇?

小乐一边喝树汁，一边晒太阳，

阳光和树汁是他的最爱。

不过，他喝树汁的时候，也没有停止唱歌！

这时，不知从哪里飞来一只雌蝉，

她被小乐的歌声迷住了，对小乐说：

"你唱得真好哇！你的歌声真优美啊！"

小乐听见赞美声后，才发现了雌蝉。

小乐有两种眼睛。

一种是又大又圆的复眼，头部两侧各有 1 只；

一种是单眼，有 3 只，位于头部中央。

有这么多的眼睛，

他刚才竟然没有第一时间看到这只雌蝉。

小乐问："你听见我唱歌了？"

"是啊！你唱得真棒啊！"

小乐客气地说：

"谢谢！其实我们蝉

听不见人类能听见的声音，

就算是很响的枪声也听不到！"

"但是，我们能听到彼此的声音，

这就够了！"雌蝉温柔地说。

小乐点了点头，赞同地说：

"没错！听说人类也听不见蝙蝠的声音，

所以，我们蝉也有自己的声音世界！"

小乐说完又继续唱起歌来，

坐在一旁的雌蝉羡慕地说：

"我好羡慕你们雄蝉，

你们可以尽情地歌唱。"

小乐惊讶地问：

"难道雌蝉不能唱歌吗？"

"是啊！我们也和你们一样在地下生活了很久，

但却连一句都唱不出来，

你说这是不是很不公平？"

小乐也觉得这样不公平，

他想了想，安慰这只雌蝉说：

"不过，你们可以生很多可爱的小宝宝啊！"

雌蝉有些害羞地回答：

"那倒是！"

小乐看着面前的雌蝉，
忍不住鼓起勇气问：
"你喜欢我吗？"
突然间，小乐的声音变得有些奇怪，
好像和之前不大相同。
雌蝉静静地注视着小乐，
好像也很喜欢小乐。
小乐兴奋地抖动身体，
"之"字形走向雌蝉。
就这样，他们结成了夫妻。

漫长的夏季快要结束了，

最近，小乐时常感到疲惫。

他感觉自己越来越没有力气了，

歌声也一天不如一天。

最后，连抓住树枝的力气都没有了。

小乐知道时候到了，

他想再唱最后一首歌。

有没有听过我的歌?
那是我等了4年才唱出的歌啊!
我轻易不吵架,
也不理会世上的是是非非,
因为我的一生太短暂了,
我没有时间去管那些事情!

唱完最后一首歌的小乐，
砰的一声掉到了地上。
"啊！我的生命走到了尽头！"
躺在地上的小乐，
回想起很久以前
自己还是若虫时掉落到地上的情形。
时间过得可真快啊！
就这样，小乐颤抖着翅膀
结束了自己身为蝉的短暂一生。

夏末的阳光很快晒干了小乐的身体。

这时，一只到处寻找食物的蚂蚁

发现了小乐的尸体，

"咦？这不是那只笨蝉小乐吗？

哼！当初竟然那么对我，活该！

看看你现在的样子！"

对小乐的死，这只蚂蚁一点儿也不难过，

反而迅速地跑回家，号召道：

"大家注意了！

前面那棵树上掉下来一只蝉，

趁别的昆虫还没有发现，

我们赶快行动吧！快跟我来！"

一瞬间，蚂蚁们便围到小乐的尸体旁，

一小块一小块地运了起来。

"快！再快一点儿！

这家伙够我们吃一阵子了！"

"对啊！"

正当大家热火朝天地工作的时候，
突然有一只蚂蚁喃喃自语道：
"他就是一整个夏天都给我们树汁喝的
那只蝉啊，真是太可怜了！"
老蚂蚁听到后生气地说：
"蝉有蝉的义务，蚂蚁有蚂蚁的责任，
如果我们不这样处理，
这片树林将变得多么肮脏啊！
别再胡思乱想了，
赶快和大家一起干活吧！"
被老蚂蚁教训了一顿，
那只蚂蚁也不敢再多说什么了。

小乐就这样从这个世界上消失了。

这一天，他的同伴们用歌声哀悼他的离去，

想着自己也将这样结束一生，

伤心地唱到了很晚很晚。

不过，4 年后的夏天，

小乐的儿子们仍然会像他们的父亲一样歌唱，

而他的女儿们会生下许多可爱的小宝宝。

我的昆虫观察笔记

请用文字或图画记录你的所见所感。

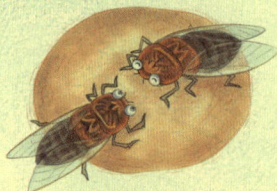

가수가 된 건축가 맴맴이 by Kyung-Sook Cho (author) & Se-jin Kim (illustrator)

Copyright © 2003 Bluebird Child Co.

Translation rights arranged by Bluebird Child Co.through Shinwon Agency Co.in Korea

Simplified Chinese edition copyright © 2025 by Beijing Science and Technology Publishing Co., Ltd.

著作权合同登记号 图字：01-2005-3605

图书在版编目 (CIP) 数据

法布尔昆虫记. 夏日音乐家蝉 /（韩）曹京淑编著；（韩）金世镇绘；李明淑
译 . 一北京：北京科学技术出版社，2025.1
ISBN 978-7-5714-2914-0

Ⅰ.①法⋯ Ⅱ.①曹⋯ ②金⋯ ③李⋯ Ⅲ.①昆虫 – 儿童读物②蝉科 – 儿童读
物 Ⅳ.① Q96-49 ② Q969.36-49

中国国家版本馆 CIP 数据核字 (2023) 第 031305 号

策划编辑：徐乙宁
责任编辑：吴佳慧
封面设计：包荧莹
图文制作：天露霖
出 版 人：曾庆宇
出版发行：北京科学技术出版社
社　　址：北京西直门南大街 16 号
邮政编码：100035
电　　话：0086-10-66135495（总编室）
　　　　　0086-10-66113227（发行部）
网　　址：www.bkydw.cn
印　　刷：保定华升印刷有限公司
开　　本：787 mm × 1092 mm 1/16
字　　数：88 千字
印　　张：7
版　　次：2025 年 1 月第 1 版
印　　次：2025 年 1 月第 1 次印刷
ISBN 978-7-5714-2914-0

定　　价：299.00 元（全 10 册）